Klick! inklusiv

Mathematik | Arbeitsheft 9/10

Prozent- und Zinsrechnung

Erarbeitet von
Elisabeth Jenert
Petra Kühne

Cornelsen

Klick! inklusiv

Mathematik | Arbeitsheft 9 | 10

Prozent- und Zinsrechnung

Teile dieses Arbeitsheftes basieren auf Inhalten der Lehrwerksreihe Klick! Mathematik.
Diese wurden herausgegeben von Meike Busch, Daniel Jacob, Petra Kühne und Markus Ledebur sowie erarbeitet von Daniel Jacob, Elisabeth Jenert, Martina Kolbe-Schwettmann, Petra Kühne, Markus Ledebur, Florian Plattner, Naveen Schwind, Verena Waslikowski, Christina Wolf

Redaktion: Inga Knoff, Karen Reitz-Koncebovski
Illustration: Timo Grubing, Münster; Gabriele Heinisch (S. 6)
Umschlaggestaltung: Klein & Halm Grafikdesign, Berlin
Layout: lernsatz.de
Technische Umsetzung: PER MEDIEN & MARKETING GmbH, Braunschweig

Dieses Arbeitsheft ist Bestandteil des Schubers *Klick! inklusiv 9/10* (978-3-06-002134-5).
Zu dem Schuber gehören die folgenden Arbeitshefte:
Rechentraining (978-3-06-002126-0)
Potenzen / Gleichungen / Daten (978-3-06-002127-7)
Prozent- und Zinsrechnung (978-3-06-002128-4)
Zuordnungen und Funktionen / Zufall (978-3-06-002129-1)
Flächen und Körper (978-3-06-002130-7)
Prüfungsvorbereitung (978-3-06-002131-4)

Lösungen und Selbsteinschätzungsbögen zum Arbeitsheft sind als kostenloser Download unter **www.cornelsen.de/klick-inklusiv** erhältlich.

www.cornelsen.de

1. Auflage, 1. Druck 2018

Alle Drucke dieser Auflage sind inhaltlich unverändert
und können im Unterricht nebeneinander verwendet werden.

Druck: Parzeller print & media GmbH & Co. KG, Fulda

ISBN 978-3-06-002128-4

PEFC
PEFC/04-31-1308

PEFC zertifiziert
Dieses Produkt stammt aus nachhaltig bewirtschafteten Wäldern und kontrollierten Quellen.

www.pefc.de

Inhaltsverzeichnis

		Seite	bearbeitet am:
Prozentrechnung	**Start ins Thema:** Grundbegriffe der Prozentrechnung	4	
	So geht es: Prozentwert, Prozentsatz, Grundwert berechnen	5	
	Prozentrechnung: Was ist gesucht?	6	
	Prozentwert berechnen	8	
	Prozentsatz berechnen	12	
	Grundwert berechnen	16	
	Gemischte Aufgaben	20	
	Gemischte Sachaufgaben	21	
	So geht es: Vermehrter und verminderter Grundwert	22	
	Vermehrter und verminderter Grundwert	23	
	Mit dem Prozentfaktor rechnen	25	
	Rabatt und Skonto	26	
	Bruttolohn und Nettolohn	27	
	Das kann ich schon	29	
Zinsrechnung	**Start ins Thema:** Grundbegriffe der Zinsrechnung	30	
	So geht es: Zinsen, Kapital, Zinssatz berechnen	31	
	Zinsrechnung: Was ist gesucht?	32	
	Zinsen berechnen	34	
	Kapital berechnen	37	
	Zinssatz berechnen	40	
	So geht es: Jahres-, Monats-, Tageszinsen	43	
	Jahres-, Monats- und Tageszinsen berechnen	44	
	Zinseszins	47	
	Verschiedene Kredite	50	
	Verschiedene Geldanlagen	51	
	Sofortkauf und Ratenkauf	52	
	Einnahmen und Ausgaben	53	
	Das kann ich schon	54	
	Auf einen Blick	55	

Start ins Thema: Grundbegriffe der Prozentrechnung

1 Wo findest du Prozentangaben?

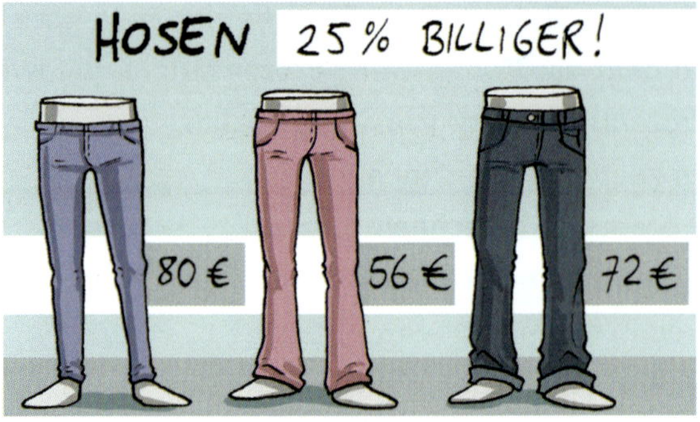

Begriffe beim Prozentrechnen

25 Fahrräder von 125 Fahrrädern sind nicht verkehrssicher. Das sind 20 %.

Prozentwert W | Grundwert G | Prozentsatz p

2 Schneide aus Werbeprospekten Rabattangebote aus und klebe sie hier auf. Kennzeichne die entsprechenden Werte farbig.

So gut kann ich die Aufgaben: ☺ 😐 ☹

So geht es: Prozentwert, Prozentsatz, Grundwert berechnen

Berechnung des Prozentwertes W

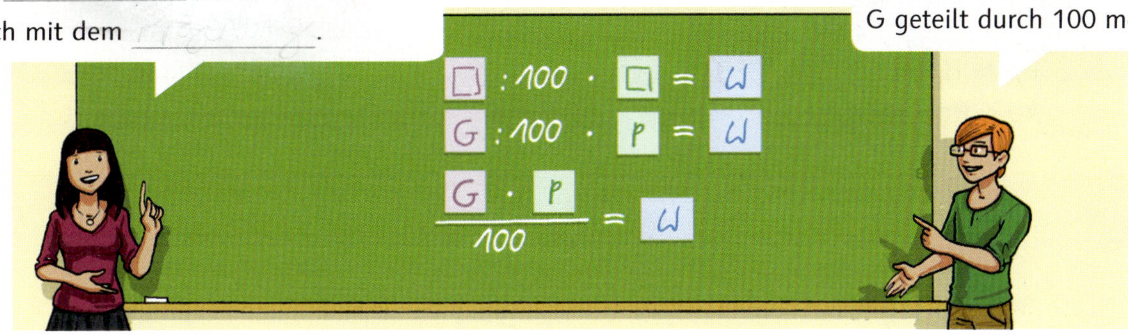

Den **Prozentwert** kannst du mit dem Dreisatz in einer Tabelle oder mit folgender Formel berechnen: $W = \frac{G \cdot p}{100}$

In einer Formel schreibt man für das Geteiltzeichen immer einen Bruchstrich.

Tipp:
Mit dem Prozentfaktor lassen sich manche Aufgaben noch leichter lösen. Das lernst du auf Seite 25.

Berechnung des Prozentsatzes p

Den **Prozentsatz** kannst du mit dem Dreisatz in einer Tabelle oder mit folgender Formel berechnen: $p = \frac{W \cdot 100}{G}$

Häufig wird auch von p % gesprochen. Wenn p = 20, dann ist: $p\,\% = 20\,\% = \frac{20}{100} = 0{,}2$

Berechnung des Grundwertes G

Den **Grundwert** kannst du mit dem Dreisatz in einer Tabelle oder mit folgender Formel berechnen: $G = \frac{W \cdot 100}{p}$

Prozentrechnung: Was ist gesucht?

1 Welche Angaben sind hier der Grundwert, der Prozentwert und der Prozentsatz? Kennzeichne farbig und notiere.

SOMMERSCHLUSSVERKAUF

kurze Hosen	T-Shirts	Bademode
40 % Rabatt	20 % Rabatt	50 % Rabatt

40 % Rabatt heißt: Der neue Preis ist 60 % vom Originalpreis.

~~30€~~ 18€

G = 30 €

p % = 60 %

W = 18 €

25€ 20€

G =

p % =

W =

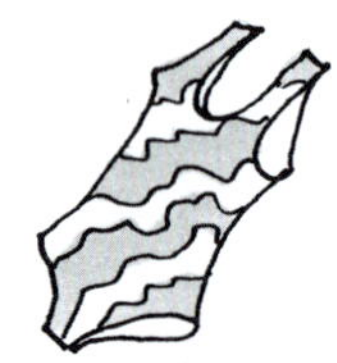

40€ 20€

G =

p % =

W =

35€ 28€

G =

p % =

W =

40€ 24€

G =

p % =

W =

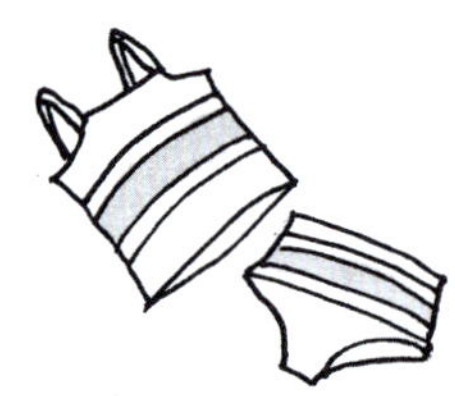

28€ 14€

G =

p % =

W =

50€ 30€

G =

p % =

W =

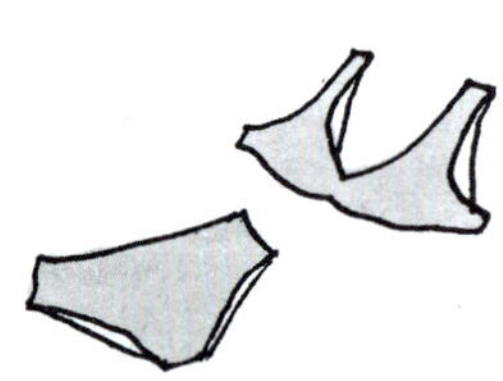

20€ 10€

G =

p % =

W =

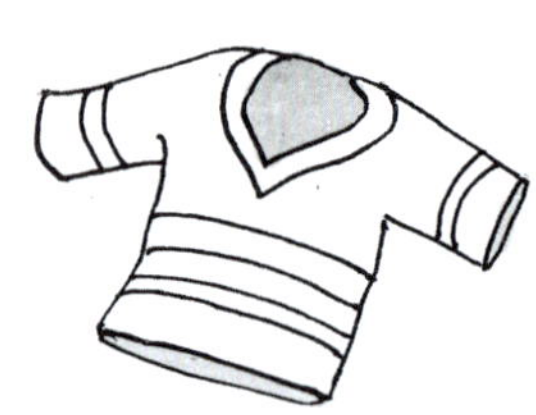

15€ 12€

G =

p % =

W =

Wenn ich vermute, dass es sich bei einer Aufgabe um eine Aufgabe zur Prozentrechnung handelt, untersuche ich zuerst, welche Angaben ich der Aufgabe entnehmen kann. Dann weiß ich, wonach gesucht ist, und kann mich für eine der drei Formeln entscheiden.

2 1. Lies die Aufgabe genau.

Der Preis für ein T-Shirt wird von 14 € um 25 % gesenkt. Wie viel Euro beträgt der Rabatt?	Ein Paar Schuhe kostete ursprünglich 79 €. Nun kostet es noch 63,20 €. Wie viel Prozent vom Originalpreis sind das?	Eine reduzierte Hose kostet 42 €. Das sind 70 % vom Originalpreis. Wie teuer war die Hose ursprünglich?

↓ ↓ ↓

2. Notiere, welche Angaben gegeben sind.

Der **Preis** für ein T-Shirt wird von **14 €** um **25 %** **gesenkt**. Wie viel Euro beträgt der Rabatt?	Ein Paar Schuhe **kostete ursprünglich 79 €**. Nun kostet es **noch 63,20 €**. Wie viel Prozent vom Originalpreis sind das?	Eine reduzierte Hose **kostet 42 €**. Das sind **70 % vom Originalpreis**. Wie teuer war die Hose ursprünglich?
gegeben: Grundwert, Prozentsatz	gegeben: Grundwert, Prozentwert	gegeben: Prozentwert, Prozentsatz

↓ ↓ ↓

3. Prüfe anschließend, was gesucht ist. Du musst alle drei Angaben der Prozentrechnung notiert haben: Grundwert G, Prozentsatz p und Prozentwert W.

gesucht: Prozentwert	gesucht: Prozentsatz	gesucht: Grundwert

↓ ↓ ↓

4. Nun finde die passende Formel zu jeder Aufgabe.

W = G · p 75 %	p = W · 100	G = W · 100

3 Was ist gegeben und was ist gesucht? Welche Formel kannst du nutzen?

a) 3 von 18 Schülerinnen und Schülern sind Hundesitter.

gegeben: ______

gesucht: ______

Formel: ______

b) Von 150 Jugendlichen kommen 40 % mit dem Bus zur Schule.

gegeben: ______

gesucht: ______

Formel: ______

c) 68 % der Jugendlichen sind nachmittags in keiner AG. Das sind 34.

gegeben: ______

gesucht: ______

Formel: ______

Prozentwert berechnen

1 Eine Umfrage unter 200 Schülerinnen und Schülern ergab, dass 60 % von ihnen jobben.

a) Welche Werte sind gegeben? Welcher Wert wird gesucht?

gegeben: Grundwert, Prozentsatz   gesucht: Prozentwert

b) Berechne, wie viele der befragten Schülerinnen und Schüler jobben.

	Prozentsatz p %	Anzahl Schüler	
: 100	100	200	: 100
· 60	1	2	· 60
	60	120	

c) Formuliere die passenden Sätze im Dreisatz.

_____ sind _____

_____ sind _____

_____ sind _____

Antwort: _____

2 Annas Handy hat eine Akkulaufzeit von 500 Minuten. Am Abend zeigt Annas Handy eine Akkuleistung von 5 % an.

a) Welche Werte sind gegeben? Welcher Wert wird gesucht?

gegeben: G = 500 min, N = 25 min   gesucht: p = %

b) Berechne, wie viele Minuten Annas Handy-Akku noch hält.

	Prozentsatz p %	Laufzeit in min	
: 100	100	500	: 100
· 5	1	5	· 5
	5	25	

c) Formuliere die passenden Sätze im Dreisatz.

_____ sind _____

_____ sind _____

_____ sind _____

Antwort: _____

3 Berechne den Prozentwert W jeweils mit der Formel und mit dem Dreisatz.

a) Wie viel sind 40 % von 800 t?

	Prozentsatz p %	Gewicht in t	
	100	800	
:100	1	$\frac{800}{100}$	:100
· 40	40	320	· 40

$$W = \frac{G \cdot p}{100} = \frac{800 \cdot 40}{100} = 320$$

Antwort: 40 % von 800 t sind 320 t.

b) Wie viel sind 60 % von 120 €?

	Prozentsatz p %	Wert in €	

Antwort:

c) Wie viel sind 20 % von 300 kg?

	Prozentsatz p %	Gewicht in kg	

Antwort:

d) Wie viel sind 30 % von 550 g?

	Prozentsatz p %	Gewicht in g	

Antwort:

4 Berechne den Prozentwert W entweder mit der Formel oder mit dem Dreisatz.

a) Wie viel sind 4 % von 1 300 m²?

Prozentsatz p %	Fläche in m²

Antwort: ______________________________

b) Wie viel sind 17 % von 200 €?

Prozentsatz p %	Wert in €

Antwort: ______________________________

c) Wie viel sind 72 % von 600 kg?

Prozentsatz p %	Gewicht in kg

Antwort: ______________________________

d) Wie viel sind 36 % von 200 g?

Prozentsatz p %	Gewicht in g

Antwort: ______________________________

5 Färbe die Zahl, die den Prozentwert angibt, blau ein.

a) 7 von 10 Jugendlichen haben schon einmal einen Spickzettel verwendet.
Das entspricht 70 %.

b) 40 % der 80 Schülerinnen und Schüler der Altstadtschule sind Mädchen.
Das entspricht 32 Mädchen.

c) 120 von 200 Schülerinnen und Schülern der Astrid-Lindgren-Schule sind in einem Verein aktiv. Das entspricht 60 %.

6 Ergänze den Satz und die Formel.

Den Prozentwert kannst du mit dem Grundwert in einer Tabelle oder mit der Formel berechnen.

Formel:

W = ______

7 Berechne den Prozentwert mit dem Dreisatz.

a) **weibliche Konzertbesucher**

p %	Anzahl
100	2 000
1	$\frac{2\,000}{100}$
70	

b) **Anteil Eiweiß**

p %	Menge in g
100	1 200
1	
12	

c) **zurückgelegte Strecke**

p %	Strecke in km
100	8 000
40	

8 Berechne den Prozentwert mit der Formel.
Die 20 Schülerinnen und Schüler der 9. Klasse absolvieren ein Praktikum:

Bereich	Friseursalon	Malerbetrieb	Tierpflegeeinrichtung	Kfz-Werkstatt	Einzelhandel
Prozent	10 %	5 %	20 %	30 %	35 %

Berechne wie viele Schülerinnen und Schüler ein Praktikum im Bereich der Tierpflege machen.

geg.:

ges.:

Antwort: ______________________

Prozentsatz berechnen

1 An der Altstadtschule haben 14 von 20 Schülerinnen und Schülern den Hauptschulabschluss geschafft.

a) Welche Werte sind gegeben? Welcher Wert wird gesucht?

gegeben: ____________ ____________ gesucht: ____________

b) Berechne, wie viel Prozent der Schülerinnen und Schüler den Hauptschulabschluss geschafft haben.

Anzahl Schüler	Prozentsatz p %

c) Formuliere die passenden Sätze im Dreisatz.

____________ sind ____________

____________ sind ____________

____________ sind ____________

Antwort: ____________

2 Juri hat für die Konzertkarte bereits 30 € angespart.
Der Eintrittspreis für das Konzert beträgt 50 €.

a) Welche Werte sind gegeben? Welcher Wert wird gesucht?

gegeben: ____________ ____________ gesucht: ____________

b) Berechne, wie viel Juri bereits vom Eintrittspreis für die Konzertkarte angespart hat.

Preis in €	Prozentsatz p %

c) Formuliere die passenden Sätze im Dreisatz.

____________ sind ____________

____________ sind ____________

____________ sind ____________

Antwort: ____________

3 Berechne den Prozentsatz p mit der Formel und mit dem Dreisatz.

a) Wie viel Prozent sind 36 € von 144 €?

	Preis in €	Prozentsatz p %	
	144	100	
:144	1	$\frac{100}{144}$	:144
· 36	36	25	· 36

$p = \frac{W \cdot 100}{G}$

$= \frac{36 \cdot 100}{144}$

$= 25$

Antwort: 36 € von 144 € sind 25 %.

b) Wie viel Prozent sind 10 cm von 200 cm?

	Länge in cm	Prozentsatz p %	

Antwort:

c) Wie viel Prozent sind 15 l von 375 l?

	Menge in l	Prozentsatz p %	

Antwort:

d) Wie viel Prozent sind 12 h von 24 h?

	Zeit in h	Prozentsatz p %	

Antwort:

4 Berechne den Prozentsatz p entweder mit dem Dreisatz oder der Formel.

a) Wie viel Prozent sind 15 g von 100 g?

Gewicht in g	Prozentsatz p %

Antwort: ______________________________

b) Wie viel Prozent sind 48 cm von 960 cm?

Länge in cm	Prozentsatz p %

Antwort: ______________________________

c) Wie viel Prozent sind 60 dm von 400 dm?

Länge in dm	Prozentsatz p %

Antwort: ______________________________

d) Wie viel Prozent sind 33 mm^2 von 150 mm^2?

Fläche in mm^2	Prozentsatz p %

Antwort: ______________________________

5 Färbe die Zahl, die den Prozentsatz angibt, grün ein.

a) 3 von 4 Schülerinnen und Schülern mögen Schneeballschlachten.
Das entspricht 75 %.

b) 80 % der 20 Schülerinnen und Schüler der 9. Klasse haben eine Praktikumsstelle gefunden. Das entspricht 16 Schülerinnen und Schülern.

c) 1 100 von 2 200 Plätzen beim Popkonzert sind bereits ausverkauft.
Das entspricht 50 %.

6 Ergänze den Satz und die Formel.

Den Prozentsatz kannst du mit dem ____________________ in einer Tabelle oder mit der __________________ berechnen.

Formel:
p = ____________

7 Berechne den Prozentsatz mit dem Dreisatz. Nutze den Taschenrechner.

a) **verkaufte Karten**

Anzahl	p %
4 000	100
1	$\frac{100}{4000}$
560	

b) **Anteil Fett**

Menge in g	p %
1 200	100
1	
12	

c) **zurückgelegte Strecke**

Strecke in km	p %
800	100
620	

8 Berechne den Prozentsatz mit der Formel.
Eine Umfrage unter 1 200 weiblichen Jugendlichen über ihre beliebtesten Ausbildungsberufe ergab folgendes Ergebnis:

Ausbildungsberuf	Erzieherin	Arzthelferin	Bürokauffrau	Einzelhandelskauffrau	Friseurin
Anzahl	360	300	216	192	132

Berechne wie viel Prozent der Schülerinnen eine Ausbildung zur Erzieherin machen wollen.

geg.:

ges.:

Antwort: ______________________________________

____

Grundwert berechnen

1 Laut einer Umfrage, wollen 90 Schülerinnen und Schüler der Altstadtschule gerne um 9 Uhr mit dem Unterricht beginnen. Das entspricht 90 % der befragen Personen.

a) Welche Werte sind gegeben? Welcher Wert wird gesucht?

gegeben: ____________ ____________ gesucht: ____________

b) Berechne, wie viele Schülerinnen und Schüler insgesamt an der Umfrage teilgenommen haben.

Prozentsatz p %	Anzahl Schüler

c) Formuliere die passenden Sätze im Dreisatz.

____________ sind ____________

____________ sind ____________

____________ sind ____________

Antwort: ____________

2 Ole hat auf der Festplatte seines Computers erst 20 % des Speichers belegt. Das sind 40 GB.

a) Welche Werte sind gegeben? Welcher Wert wird gesucht?

gegeben: ____________ ____________ gesucht: ____________

b) Berechne, wie viel GB Speicherplatz Ole insgesamt auf der Festplatte seines Computers hat.

Prozentsatz p %	Speicherplatz in GB

c) Formuliere die passenden Sätze im Dreisatz.

____________ sind ____________

____________ sind ____________

____________ sind ____________

Antwort: ____________

3 Berechne den Grundwert G mit der Formel und dem Dreisatz.

a) 60 % sind 480 mm.

	Prozentsatz p %	Länge in mm	
	60	480	
:60	1	$\frac{480}{60}$	:60
·100	100	800	·100

$$G = \frac{W \cdot 100}{p} = \frac{480 \cdot 100}{60} = 800$$

Antwort: Es sind insgesamt 800 mm.

b) 60 % sind 36 €.

	Prozentsatz p %	Wert in €	

Antwort:

c) 40 % sind 28 kg.

	Prozentsatz p %	Gewicht in kg	

Antwort:

d) 5 % sind 15 l.

	Prozentsatz p %	Menge in l	

Antwort:

4 Berechne den Grundwert G entweder mit der Formel oder mit dem Dreisatz.

a) 25 % sind 18 m².

Prozentsatz p %	Fläche in m^2

Antwort: ______________________________

b) 82 % sind 5 412 cm.

Prozentsatz p %	Länge in cm

Antwort: ______________________________

c) 46 % sind 82,8 g.

Prozentsatz p %	Gewicht in g

Antwort: ______________________________

d) 69 % sind 96,60 €.

Prozentsatz p %	Preis in €

Antwort: ______________________________

5 Färbe die Zahl, die den Grundwert angibt, rot ein.

a) 3 von 10 Schülerinnen und Schülern laufen 100 m in weniger als 13 Sekunden. Das entspricht 30 %.

b) 75 % der 120 Hauptschulabsolventen der Astrid-Lindgren-Schule haben einen Ausbildungsplatz gefunden. Das entspricht 90 Schülerinnen und Schülern.

c) 20 von 80 Gummibärchen in Inas Tüte sind rot. Das entspricht 25 %.

6 Ergänze den Satz und die Formel.

Den Grundwert kannst du mit dem ______________ oder mit der ______________ berechnen.

Formel:

G = __________

7 Berechne den Grundwert mit dem Dreisatz. Nutze den Taschenrechner.

a) **Gesamtgewicht**

p %	Gewicht in kg
12	84
1	$\frac{84}{12}$
100	

b) **Originalpreis**

p %	Preis in €
80	72
1	
100	

c) **Umfrage**

p %	Anzahl Personen
40	100
100	

8 Berechne den Grundwert mit der Formel.
Ein Baumarkt feiert sein 25-jähriges Betriebsjubiläum. Anlässlich dieses Festes sind alle Artikel an diesem Tag um 25 % reduziert.

__________ des ursprünglichen Preises muss gezahlt werden.

Werkzeug	Hammer	Bohrmaschine	Schraubenzieher	Rasenmäher	Eimer
neuer Preis	12 €	42 €	3 €	168 €	18 €

Berechne den ursprünglichen Preis für die Bohrmaschine.

geg.:

ges.:

Antwort: ______________________________

Gemischte Aufgaben

Formel zur Berechnung des Prozentsatzes:
$p = \frac{W \cdot 100}{G}$

Formel zur Berechnung des Prozentwertes:
$W = \frac{G \cdot p}{100}$

Formel zur Berechnung des Grundwertes:
$G = \frac{W \cdot 100}{p}$

1 Berechne mit der Formel: 18 m^2 von 90 m^2

gegeben: ____________________

____

gesucht: ____________________

2 Berechne mit der Formel: 34 % von 300 km

gegeben: ____________________

____

gesucht: ____________________

3 Berechne mit der Formel: 25 % sind 148 €

gegeben: ____________________

____

gesucht: ____________________

4 Denk dir eine Aufgabe aus und berechne mit der Formel:

gegeben: ____________________

____

gesucht: ____________________

Gemischte Sachaufgaben

1 Die Kosten für die Abschlussfahrt betragen pro Schülerin bzw. pro Schüler 268 €.
Die Anzahlung beträgt 23 % vom Gesamtpreis.
Wie hoch ist die Anzahlung?

gegeben: ______________________

____

gesucht: ______________________

Antwort: ____

2 Für den Eintritt ins Theater muss eine Schulklasse nur 80 % des Preises bezahlen.
Auf dem Kassenbon steht 187,20 €.
Wie teuer wäre der Theaterbesuch ohne die Ermäßigung?

gegeben: ______________________

____

gesucht: ______________________

Antwort: ____

3 Auf der Abschlussfahrt schreiben 4 von 14 Schülerinnen und Schüler der Klasse eine Postkarte an ihre Familie.
Wie viel Prozent sind das? Runde auf ganze Zahlen.

gegeben: ______________________

____

gesucht: ______________________

Antwort: ____

____

So geht es: Vermehrter und verminderter Grundwert

Verminderter Grundwert

Ich bestimme den bisherigen Grundwert.

Ich berechne den verminderten Grundwert.

100 % sind 40 €

1 % sind $\frac{40}{100}$ €

20 % Rabatt bedeutet:
Der neue Preis ist 80 % vom alten Preis.

80 % sind $\frac{40 \cdot 80}{100}$ € = 32 €

Vermehrter Grundwert

Ich bestimme den bisherigen Grundwert.

Ich berechne den vermehrten Grundwert.

100 % sind 300 €

1 % sind $\frac{300}{100}$ €

125 % sind $\frac{300 \cdot 125}{100}$ €
= 376 €

Bei prozentualen Veränderungen entspricht der alte Zustand (Preis, Einwohnerzahl …) dem Grundwert, also 100 %.

Erhöht sich der Grundwert um p %, entspricht der neue Wert 100 % + p %. Man nennt ihn den **vermehrten Grundwert**.

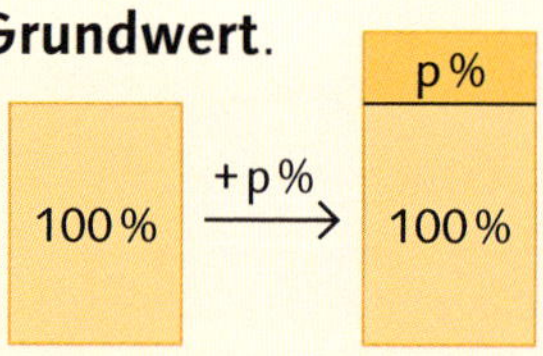

Verringert sich der Grundwert um p %, entspricht der neue Wert 100 % − p %. Man nennt ihn den **verminderten Grundwert**.

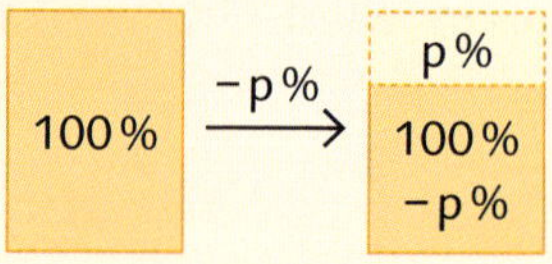

Beispiel: **Preiserhöhung** um 10 % bei einem alten Preis von 150 €:
100 % + 10 % = 110 %

Beispiel: **Preisminderung** um 10 % bei einem vorherigen Preis von 100 €:
100 % − 10 % = 90 %

1 Berechne den neuen Preis für die Beispiele.

Tipp: Mit Prozentfaktor lassen sich die Aufgaben noch leichter lösen. Das lernst du auf Seite 25.

a) 100 % sind ______
1 % sind ______
110 % sind ______

b) 100 % sind ______
1 % sind ______
90 % sind ______

Vermehrter und verminderter Grundwert

1 Die Wohnungen in einem Hochhaus wurden neu renoviert. Die Miete wurde nach der Renovierung um 5 % erhöht.

Familie	Miete vor der Mieterhöhung
Prange	450 €
Portz	450 €

a) Wie viel Miete muss Familie Prange nun nach der Mieterhöhung zahlen?

Antwort: ______________________

b) Handelt es sich hierbei um einen verminderten oder um einen vermehrten Grundwert? Kreuze an.

☐ verminderter Grundwert

☐ vermehrter Grundwert

c) Familie Portz ist umgezogen. Die Miete in der neuen Wohnung ist 5 % günstiger als der alte Mietpreis vor der Mietpreiserhöhung.
Wie viel Miete muss Familie Potz in der neuen Wohnung bezahlen?

Antwort: ______________________

d) Handelt es sich hierbei um einen verminderten oder um einen vermehrten Grundwert? Kreuze an.

☐ verminderter Grundwert

☐ vermehrter Grundwert

2 Vermehrter oder verminderter Grundwert? Kreuze an.

		vermehrter Grundwert	verminderter Grundwert
a)	Kenan bekommt 5 % mehr Taschengeld.		
b)	Der Preis für Telefonate ins Ausland ist um 10 % gefallen.		
c)	Juri verdient in seinem Nebenjob 2,5 % mehr als im letzten Monat.		
d)	Der Preis für einen Liter Benzin ist um 7 % gestiegen.		

3 Berechne den Preis für den Pullover und für die Hose.

4 Ergänze die Tabelle. Rechne im Kopf

	Grundwert	Zunahme/ Abnahme in %	vermehrter/verminderter Grundwert in %	neuer Grundwert
a)	100 €		80 %	
b)	50 €	+ 10 %		
c)	200 €		120 %	
d)	1 000 €	− 25 %		

5 Der Eintrittspreis für eine Familienkarte in den Filmpark wurde um 10 % erhöht.
Der Eintritt kostet nun für Familien 35,20 €.
Wie viel kostete der Eintritt vorher?

Antwort: ______________________

Achtung: Hier ist der **neue** Grundwert gegeben! Ich rechne mit dem Dreisatz.

Prozentsatz p %	Preis in €

Mit dem Prozentfaktor rechnen

Mit dem **Prozentfaktor** lassen sich die Aufgaben noch schneller lösen.

vermehrter Grundwert
Preiserhöhung um 10 % bei einem alten Preis von 150 €:
100 % + 10 % = 110 %
Prozentfaktor:
110 % entspricht **1,1**
neuer Preis:
150 € · **1,1** = 165 €

verminderter Grundwert
Preisminderung um 10 % bei einem vorherigen Preis von 100 €:
100 % – 10 % = 90 %
Prozentfaktor:
90 % entspricht **0,9**
neuer Preis:
100 € · **0,9** = 90 €

Tipp: Überlege.

$90\,\% = \frac{90}{100} = 0{,}9$

$100\,\% = \frac{100}{100} = 1{,}0$

$110\,\% = \frac{110}{100} = 1{,}1$

1 Ergänze die Tabelle. Nutze den Taschenrechner.

	Grundwert	Zunahme/Abnahme in %	Prozentfaktor	neuer Grundwert
a)	100 €	+5 %		
b)	250 €		0,8	
c)	70 €	−30 %		
d)	2 850 €		1,12	

2 Berechne den neuen Grundwert. Entscheide vorher, ob es sich um einen vermehrten oder verminderten Grundwert handelt.

a) Ein neuer Drucker kostet 129 €. Aktuell gibt es 25 % Rabatt auf Drucker.
- ☐ vermehrter Grundwert
- ☐ verminderter Grundwert

Der Drucker kostet nun ______

b) Der Preis für 1 l Motoröl ist um 6 % gestiegen. Der alte Preis lag bei 38 €.
- ☐ vermehrter Grundwert
- ☐ verminderter Grundwert

Das Motoröl kostet nun ______

c) Das Internetpaket eines Anbieters kostete 15 €. Nun gewährt er 12 % Rabatt.
- ☐ vermehrter Grundwert
- ☐ verminderter Grundwert

Das Internetpaket kostet nun ______

Rabatt und Skonto

1 Das Sportgeschäft „Marathon" gewährt 15 % Rabatt. Ordne die Preise zu. Verbinde.

Sportschuhe 79,50 € | Volleyball 34,50 € | Tennisschläger 76,80 € | Sporthose 55,50 € | Fußballschuhe 50,99 €

47,17 € | 43,34 € | 65,28 € | 39,68 € | 67,58 € | 67,57 € | 29,33 € | 47,18 €

2 Das Geschäft „Traumladen" erhält bei seinem Lieferanten 2 % Skonto, wenn die Rechnung in Höhe von 7 843,28 € innerhalb von 10 Tagen bezahlt wird.
Berechne den Überweisungsbetrag. Welchen Betrag spart die Firma?

Antwort: ______________________________

3 Joy und Anna möchten nach ihrem Schulabschluss in den Urlaub fliegen.
Sie informieren sich über verschiedene Angebote. Welches ist das günstigste?

Ort	Preis	Frühbucherrabatt	Preis nach Abzug des Rabatts
Mallorca	229 € pro Person	20 %	
Italien	264 € pro Person	35 %	
Spanien	321 € pro Person	45 %	

Antwort: ______________________________

____

Bruttolohn und Nettolohn

1 Jonas ist Gerüstbauer und verdient 2 232 € brutto im Monat bei einer 40-Stunden-Woche. Pro Monat arbeitet er durchschnittlich 20 Tage.

a) Wie hoch ist der Stundenlohn von Jonas?

b) Wie viel verdient Jonas in einer Woche?

c) Wie viel verdient Jonas in einem Jahr?

d) Wie hoch ist sein Tagesverdienst, wenn er 24 Tage Urlaub im Jahr hat?

2 Jonas bekommt eine Gehaltserhöhung von 2,5 % auf sein Jahreseinkommen. Wie viel verdient er anschließend im Jahr (pro Monat)?

Antwort: ______________________

____

____

3 Das Gehalt von Jonas wird ab Ende Juni um 2,5 % erhöht.
Wie viel verdient er im ganzen Jahr? Rechne mit dem Ergebnis von Aufgabe **1** c).

Antwort: ______________________

____

____

4 Darius verdient 2275€ brutto. Davon werden für Steuern und Sozialabgaben insgesamt 48,175% abgezogen. Darius möchte gerne in eine eigene Wohnung ziehen und veranschlagt dafür folgende Lebenshaltungskosten.

Miete	570€
Strom, Gas, Wasser usw.	120€
Lebensmittel	150€
Handy/Telefon/Internet	55€
Roller (50ccm)	50€
Sportverein	24€
Versicherungen	150€
Sonstiges	100€

a) Wie viel verdient Darius im Monat netto? Nutze den Taschenrechner.

b) Verdient Darius genug, um sich die Wohnung leisten zu können? Was würdest du ihm raten? Finde Lösungswege für Darius.

c) Darius möchte sich einen Gebrauchtwagen zulegen. Dafür möchte er einen Kredit bei seiner Hausbank aufnehmen und das Geld aus dem Verkauf seines Rollers als Anzahlung nehmen. Er zahlt 2,3% von seinem Bruttolohn jeden Monat für den Kredit.

Wie viel ist das in € und was muss er bei seinen Lebenshaltungskosten berücksichtigen?

Antwort: ____________________

Das kann ich schon

1 Berechne und kreuze an.

a) Wie viel sind 35 % von 5 928,58 €? ☐ 2 075,00 € ☐ 2 090,62 € ☐ 2 107,39 €

b) Wie viel Prozent sind 5,88 dm von 49 dm? ☐ 1,2 % ☐ 12 % ☐ 88 %

c) 47 % sind 39,48 l. Wie viel sind 100 %? ☐ 48 l ☐ 84 l ☐ 0,84 l

😊😐☹

2 Überprüfe die Werbeangebote. Stimmen die neuen Preise?

	richtig	falsch
a) Supersonderangebot! 60 % Rabatt! Statt 450 € nur 180 € zahlen!	☐	☐
b) Fast geschenkt! 78 % günstiger. Statt 829 € nur 185 € bezahlen!	☐	☐

😊😐☹

3 Der Speicherplatz eines E-Mail-Accounts wurde von 10 GB um 20 % erhöht.
Wie viel Speicher hat der neue Account?

😊😐☹ Antwort: ______________________________

4 Mira arbeitet in den Sommerferien im Eiscafé. Dieses Jahr erhält sie eine Lohnerhöhung um 5 %. Letztes Jahr bekam sie 6,80 € pro Stunde.

😊😐☹ Antwort: ______________________________

Start ins Thema: Grundbegriffe der Zinsrechnung

Legt man bei einer Sparkasse oder Bank Geld an, wird dieses Guthaben genannt.
Dafür erhält man Zinsen (**Habenzinsen**).
Leiht man sich Geld, wird dieses Geld als Kredit oder Darlehen bezeichnet.
Als Leihgebühr zahlt man Zinsen (**Sollzinsen**).
Zinssätze beziehen sich in der Regel auf ein Jahr (360 Tage).
Man nennt diesen Zinssatz **Jahreszins**.

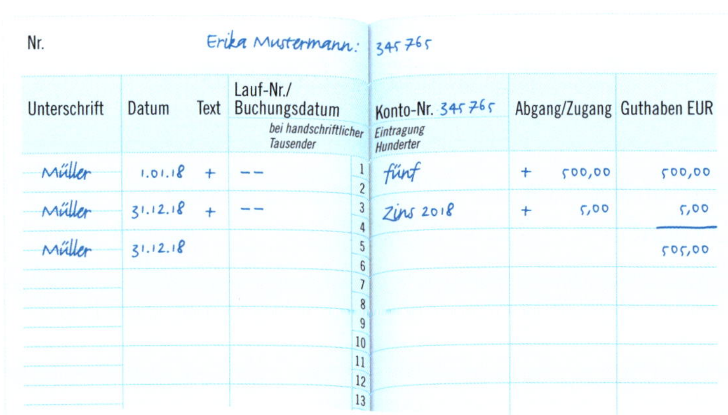

Nr. Erika Mustermann: 345 765

Unterschrift	Datum	Text	Lauf-Nr./ Buchungsdatum bei handschriftlicher Tausender		Konto-Nr. 345 765 Eintragung Hunderter	Abgang/Zugang	Guthaben EUR
Müller	1.01.18	+	--	1	fünf	+ 500,00	500,00
				2			
Müller	31.12.18	+	--	3	Zins 2018	+ 5,00	5,00
				4			
Müller	31.12.18			5			505,00
				6			
				7			
				8			
				9			
				10			
				11			
				12			
				13			

Zinssatz Sparbuch: jährlich 1 %

Für meinen Umzug habe ich mir 500 € von der Bank geliehen. Dafür zahle ich einen Zinssatz von 7 % in einem Jahr.

Bei der Zinsrechnung wird die Prozentrechnung auf den Geldverkehr angewendet.
Die Aufgaben können daher wie bei der Prozentrechnung gelöst werden.
Es gibt allerdings einige neue Bezeichnungen.

Prozentrechnung	Grundwert G	Prozentwert W	Prozentsatz p
Zinsrechnung	Kapital K	Zinsen Z	Zinssatz p

So gut kann ich die Aufgaben: ☺ 😐 ☹

So geht es: Prozentsatz, Kapital, Zinssatz berechnen

Zinsen berechnen

1 Die Schüler der Schülerfirma „Büdchen" wollen ihre Einnahmen aus dem Schuljahr auf ein Sparbuch einzahlen. Nun überlegen sie:

Wie viel an Zinsen bekommen wir nach einem Jahr?

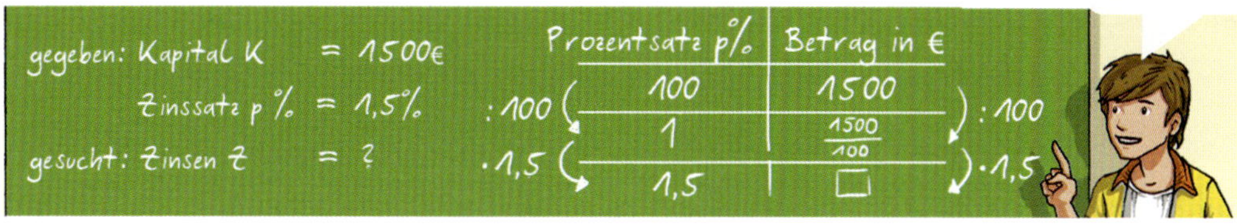

Die Jahreszinsen kannst du mit dem Dreisatz in einer Tabelle oder mit der Formel berechnen:

	Prozentsatz p %	Betrag in €	
	100	1 500	
: 100	1	$\frac{1500}{100}$	: 100
· 1,5	1,5		☐

$$Z = \frac{K \cdot p}{100} = \frac{1500\,€ \cdot 1{,}5}{100}$$

$= \_\_\_\_\_\_$ €

Die Jahreszinsen betragen ______ €.

Kapital berechnen

Meine Eltern zahlen ein Jahr lang einen Kredit ab. Bei einem Zinssatz von 7 % zahlen sie 168 € Zinsen.

Wie hoch ist ihr Kredit?

2 Das Kapital kannst du mit dem Dreisatz oder mit folgender Formel berechnen.

	Prozentsatz p %	Betrag in €	
	7	168	
: 7	1	$\frac{168}{7}$	: 7
· 100	100		☐

$$K = \frac{Z \cdot 100}{p} = \frac{168\,€ \cdot 100}{7}$$

$= \_\_\_\_\_\_$ €

Das Kapital beträgt ______ €.

Zinssatz berechnen

Für meine 50 € hätte ich gerne 10 € Zinsen im Jahr.

Wie hoch müsste der Zinssatz sein?

3 Den Zinssatz kannst du mit dem Dreisatz oder mit folgender Formel berechnen.

	Betrag in €	Prozentsatz p %	
	50	100	
: 50	1	$\frac{100}{50}$	: 50
· 10	10		☐

$$p = \frac{Z \cdot 100}{K} = \frac{10\,€ \cdot 100}{50\,€}$$

$= \_\_\_\_\_\_$

Der Zinssatz müsste ______ % betragen.

Zinsrechnung: Was ist gesucht?

1 Welche Werte sind gegeben? Welcher Wert wird gesucht? Notiere.

a) Annas Eltern haben einen Kredit in Höhe von 3 000 € aufgenommen. Der Zinssatz beträgt 7 % pro Jahr.

gegeben: ______________________

____

gesucht: ______________________

b) Ling-Ling zahlt 200 € auf ihr Konto ein. Dafür erhält sie jährlich 4 € Zinsen.

gegeben: ______________________

____

gesucht: ______________________

c) Kenans Eltern kaufen sich ein Auto. Dafür müssen sie kurzfristig einen Kredit aufnehmen. Für den Kredit zahlen sie jedes Jahr 7 % Zinsen. Das entspricht 350 €.

gegeben: ______________________

____

gesucht: ______________________

d) Anna hat 1 000 € auf ihrem Konto. Sie bekommt dafür jährlich 2 % Zinsen.

gegeben: ______________________

____

gesucht: ______________________

e) Die Schülerfirma zahlt ihren Gewinn vom letzten Jahr auf ein Festgeldkonto ein. Dafür bekommt sie 2,5 % Zinsen pro Jahr. Das entspricht 15 €.

gegeben: ______________________

____

gesucht: ______________________

f) Oles Eltern zahlen für ihren Kredit in Höhe von 1 400 € genau 98 € Zinsen im Jahr.

gegeben: ______________________

____

gesucht: ______________________

g) Lisa hat 500 € gespart. Sie bekommt 1,5 % Zinsen pro Jahr.

gegeben: ______________________

____

gesucht: ______________________

Wenn ich vermute, dass es sich bei einer Aufgabe um eine Aufgabe zur Prozentrechnung handelt, untersuche ich zuerst, welche Angaben ich der Aufgabe entnehmen kann. Dann weiß ich, wonach gesucht ist, und kann mich für eine der drei Formeln entscheiden.

2 1. Lies die Aufgabe genau.

Lisas Eltern nehmen einen Kredit von 2000 € zu einem Zinssatz von 7 % auf. Wie viel Zinsen zahlen sie pro Jahr?

Ben hat 350 € auf dem Sparbuch. Dafür bekommt er 7 € Zinsen in einem Jahr. Wie hoch ist der Zinssatz?

Bei einem Zinssatz von 2,8 % erhält Juri jährlich 42,70 € Zinsen. Wie viel Kapital hat er angelegt?

↓ ↓ ↓

2. Notiere, welche Angaben gegeben sind.

Lisas Eltern nehmen einen Kredit von **2000 €** zu einem **Zinssatz von 7 %** auf. Wie viel Zinsen zahlen sie pro Jahr?

gegeben: ______________

____

Ben hat **350 €** auf dem Sparbuch. Dafür bekommt er **7 € Zinsen** in einem Jahr. Wie hoch ist der Zinssatz?

gegeben: ______________

____

Bei einem **Zinssatz von 2,8 %** erhält Juri jährlich **42,70 € Zinsen**. Wie viel Kapital hat er angelegt?

gegeben: ______________

____

↓ ↓ ↓

3. Prüfe anschließend, was gesucht ist. Du musst alle drei Angaben der Zinsrechnung notiert haben: Kapital K, Zinssatz p und Zinsen Z.

gesucht: ______________ gesucht: ______________ gesucht: ______________

↓ ↓ ↓

4. Nun kannst du die Aufgabe mit der passenden Formel lösen.

______________ ______________ ______________

3 Was ist gegeben und was ist gesucht? Welche Formel kannst du nutzen?

a) Ling-Ling hat 460 € auf ihrem Konto. Der Zinssatz beträgt 2 % im Jahr.

gegeben: ______________

____

gesucht: ______________

Formel: ______________

b) Für einen Kredit in Höhe von 4000 € zahlen Oles Eltern 276 € Zinsen im Jahr.

gegeben: ______________

____

gesucht: ______________

Formel: ______________

c) Bei einem Zinssatz von 7,7 % zahlt Mert 46,20 € Zinsen im Jahr.

gegeben: ______________

____

gesucht: ______________

Formel: ______________

Zinsen berechnen

Berechne die Zinsen Z mit dem Dreisatz.

1 Dana hat 1 500 € auf ihrem Konto. Der Zinssatz beträgt 2 % pro Jahr.

a) Welche Werte sind gegeben? Welcher Wert wird gesucht?

gegeben: ______________ gesucht: ______________

____

b) Berechne, wie viele Zinsen Dana pro Jahr bekommt.

Prozentsatz p %	Betrag in €

c) Formuliere die passenden Sätze im Dreisatz.

______________ sind ______________

______________ sind ______________

______________ sind ______________

Antwort: ______________

____

2 Annas Eltern haben einen Kredit in Höhe von 3 000 € aufgenommen. Sie zahlen dafür 7 % Zinsen pro Jahr.

a) Welche Werte sind gegeben? Welcher Wert wird gesucht?

gegeben: ______________ gesucht: ______________

____

b) Berechne, wie viele Zinsen Annas Eltern pro Jahr zahlen.

Prozentsatz p %	Betrag in €

c) Formuliere die passenden Sätze im Dreisatz.

______________ sind ______________

______________ sind ______________

______________ sind ______________

Antwort: ______________

____

3 Berechne die Zinsen Z jeweils mit der Formel und mit der Dreisatztabelle.

a) Wie viel sind 8 % auf 200 €?

	Prozentsatz p %	Betrag in €	
	100	200	
:100	1	$\frac{200}{100}$	:100
· 8	8	16	· 8

$$Z = \frac{K \cdot p}{100} = \frac{200 \cdot 8}{100} = 16$$

Antwort: 8 % auf 200 € sind 16 €.

b) Wie viel sind 2 % auf 500 €?

	Prozentsatz p %	Betrag in €	

Antwort:

c) Wie viel sind 7 % auf 250 €?

	Prozentsatz p %	Betrag in €	

Antwort:

d) Wie viel sind 1,6 % auf 430 €?

	Prozentsatz p %	Betrag in €	

Antwort:

4 Berechne die Zinsen Z entweder mit der Formel oder mit der Dreisatztabelle.

a) Wie viel sind 3,5 % auf 6 000 €?

Prozentsatz p %	Betrag in €

Antwort: ______________________________

b) Wie viel sind 7,9 % auf 790 €?

Prozentsatz p %	Betrag in €

Antwort: ______________________________

c) Wie viel sind 4,6 % auf 1 600 €?

Prozentsatz p %	Betrag in €

Antwort: ______________________________

d) Wie viel sind 2,3 % auf 940 €?

Prozentsatz p %	Betrag in €

Antwort: ______________________________

Kapital berechnen

Berechne das Kapital K mit dem Dreisatz.

1 Lisa bekommt für ihr Guthaben auf dem Konto einen Jahreszins von 2 %.
Das entspricht 28 €.

a) Welche Werte sind gegeben? Welcher Wert wird gesucht?

gegeben: ______________ gesucht: ______________

____

b) Berechne, wie viel Geld Lisa auf ihrem Konto hat.

Prozentsatz p %	Betrag in €

c) Formuliere die passenden Sätze im Dreisatz.

______________ sind ______________

______________ sind ______________

______________ sind ______________

Antwort: ______________

____

2 Juris Eltern zahlen einen Kredit ab.
Bei einem Zinssatz von 7 % zahlen sie 140 € Zinsen pro Jahr.

a) Welche Werte sind gegeben? Welcher Wert wird gesucht?

gegeben: ______________ gesucht: ______________

____

b) Berechne, wie hoch der Kredit von Juris Eltern ist.

Prozentsatz p %	Betrag in €

c) Formuliere die passenden Sätze im Dreisatz.

______________ sind ______________

______________ sind ______________

______________ sind ______________

Antwort: ______________

____

3 Berechne das Kapital K mit der Dreisatztabelle und mit der Formel.

a) 7 % sind 21 €.

	Prozentsatz p %	Betrag in €	
	7	21	
:7	1	$\frac{21}{7}$	:7
·100	100	300	·100

$K = \frac{Z \cdot 100}{p}$

$= \frac{21 \cdot 100}{7}$

$= 300$

Antwort: Das Kapital beträgt 300 €.

b) 3 % sind 75 €.

	Prozentsatz p %	Betrag in €	

Antwort:

c) 2,5 % sind 625 €.

	Prozentsatz p %	Betrag in €	

Antwort:

d) 1,8 % sind 90 €.

	Prozentsatz p %	Betrag in €	

Antwort:

4 Berechne das Kapital K entweder mit der Dreisatztabelle oder mit der Formel.

a) 4,7 % sind 1 081 €.

Prozentsatz p %	Betrag in €

Antwort: ______________________________

b) 1,9 % sind 117,8 €.

Prozentsatz p %	Betrag in €

Antwort: ______________________________

c) 2,7 % sind 7,29 €.

Prozentsatz p %	Betrag in €

Antwort: ______________________________

d) 1,4 % sind 1,96 €.

Prozentsatz p %	Betrag in €

Antwort: ______________________________

Zinssatz berechnen

Berechne den Zinssatz p mit dem Dreisatz

1 Lena hat 500 € auf ihrem Konto. Sie bekommt dafür im Jahr 12,50 € Zinsen.

a) Welche Werte sind gegeben? Welcher Wert wird gesucht?

gegeben: ____________ gesucht: ____________

____

b) Berechne, wie hoch der Zinssatz ist, den Lena für ihr Geld bekommt.

Betrag in €	Prozentsatz p %

c) Formuliere die passenden Sätze im Dreisatz.

____________ sind ____________

____________ sind ____________

____________ sind ____________

Antwort: ____________

____

2 Familie Prange muss für ihren Kredit in Höhe von 4 000 € pro Jahr 320 € Zinsen zahlen.

a) Welche Werte sind gegeben? Welcher Wert wird gesucht?

gegeben: ____________ gesucht: ____________

____

b) Berechne, wie hoch der Zinssatz ist, den Familie Prange für ihren Kredit bezahlen muss.

Betrag in €	Prozentsatz p %

c) Formuliere die passenden Sätze im Dreisatz.

____________ sind ____________

____________ sind ____________

____________ sind ____________

Antwort: ____________

____

3 Berechne den Zinssatz p mit der Dreisatztabelle und der Formel.

a) Wie viel Prozent sind 12 € von 400 €?

	Betrag in €	Prozentsatz p %	
: 400	400	100	: 400
· 12	1	$\frac{100}{400}$	· 12
	12	3	

$p = \frac{Z \cdot 100}{K}$

$= \frac{12 \cdot 100}{400}$

$= 3$

Antwort: 12 € von 400 € sind 3 %.

b) Wie viel Prozent sind 78 € von 1 000 €?

	Betrag in €	Prozentsatz p %	

Antwort:

c) Wie viel Prozent sind 3,75 € von 150 €?

	Betrag in €	Prozentsatz p %	

Antwort:

d) Wie viel Prozent sind 138 € von 6 000 €?

	Betrag in €	Prozentsatz p %	

Antwort:

4 Berechne den Zinssatz p entweder mit der Dreisatztabelle oder der Formel.

a) Wie viel Prozent sind 675 € von 5 000 €?

Betrag in €	Prozentsatz p %

Antwort: ______________________________

b) Wie viel Prozent sind 540 € von 8 000 €?

Betrag in €	Prozentsatz p %

Antwort: ______________________________

c) Wie viel Prozent sind 650 € von 2 600 €?

Betrag in €	Prozentsatz p %

Antwort: ______________________________

d) Wie viel Prozent sind 56,2 € von 2 037,50 €?

Betrag in €	Prozentsatz p %

Antwort: ______________________________

So geht es: Jahres-, Monats-, Tageszinsen

Jahres- und Monatszinsen berechnen

Ein Monat ist $\frac{1}{12}$ eines Jahres.

1

Kapital K	Prozentsatz p %	Zinsen Z nach 1 Jahr	6 Monaten	1 Monat
1 000 €	2,1	$\frac{1000\,€ \cdot 2{,}1}{100} = 21\,€$	$21\,€ \cdot \frac{1}{2} = 11{,}50\,€$	$21\,€ \cdot \frac{1}{12} = 0{,}96\,€$

Tageszinsen berechnen

1 500 € Kapital bei einem Zinssatz von 1,5 % jährlich … Dann habe ich nach 100 Tagen wie viel Zinsen?

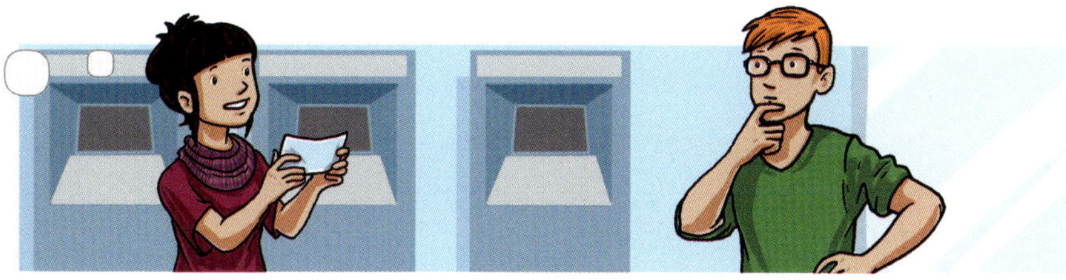

2 Anna rechnet mit der Dreisatztabelle.
Zuerst berechnet sie die Jahreszinsen:

	Prozentsatz p %	Betrag in €	
	100	1 500	
: 100	1	$\frac{1500}{100}$	: 100
· 1,5	1,5	22,50	· 1,5

Danach berechnet sie die Tageszinsen:

	Prozentsatz p %	Betrag in €	
	360	22,50	
: 360	1	$\frac{22{,}50}{360}$	: 360
· 100	100		

Paul rechnet mit der Formel.

geg.: K = 1 500 €
p% = 1,5 %
Zeit t = 100 Tage

ges.: Z = ?

$$Z = \frac{K \cdot p}{100} \cdot \frac{1}{360}$$

$$Z = \frac{1500 \cdot 1{,}5}{100} \cdot \frac{100}{360}$$

Z =

Banken rechnen das Jahr mit 360 Tagen, den Monat mit 30 Tagen.

Noch kürzer geht es mit dem Prozentfaktor:
Der Zinssatz 1,5% entspricht dem Prozentfaktor 0,015.

100 Tage im Jahr entsprechen dem Anteil $\frac{100}{360}$.

Die Zinsen betragen damit: $1500\,€ \cdot 0{,}015 \cdot \frac{100}{360} =$ ____________

Zinsen
Außer dem **Jahreszins** (360 Tage) gibt es auch den **Monatszins** (30 Tage) und den **Tageszins** (1 Tag). Daraus ergeben sich folgende drei Formeln:

Zinsen für 1 Jahr	Zinsen für m Monate	Zinsen für t Tage
$Z = \frac{K \cdot P}{100}$	$Z = \frac{K \cdot P}{100} \cdot \frac{m}{12}$	$Z = \frac{K \cdot P}{100} \cdot \frac{t}{360}$

Jahres-, Monats- und Tageszinsen berechnen

1 Die Zinsen für 1 Jahr berechnet man mit der Formel Z = ______________________.

Zur Berechnung der Monatszinsen (1 Monat = ________ Tage) verwendet man die Formel

Z = ________________________ wobei ______ für die Anzahl der Monate steht.

Die Tageszinsen berechnet man mit der Formel Z = ________________________,

wobei ______ für die Anzahl der Tage steht.

2 Berechne die Zinsen für den angegebenen Zeitraum mit der passenden Formel. Nutze den Taschenrechner.

a) K = 6700€
p% = 1,8%
m = 9 Monate

b) K = 4000€
p% = 5%
m = 90 Tage

3 Ergänze die Tabelle und berechne jeweils die Zinsen. Rechne geschickt. Runde sinnvoll.

		Zinsen nach …				
Kapital	Zinssatz	1 Jahr	6 Monaten	3 Monaten	100 Tagen	50 Tagen
500€	3%					
1000€	1%					
10000€	6%					

4 Berechne die Zinsen für den angegebenen Zeitraum mit der passenden Formel. Runde sinnvoll.

a) K = 900 €
p % = 1,3 %
m = 7 Monate

b) K = 200 €
p % = 2 %
t = 188 Tage

5 Maik hat 250 € gewonnen. Er eröffnet bei der Bank ein neues Sparbuch. Dieses wird mit 1,1 % pro Jahr verzinst. Rechne und beantworte die Fragen.

a) Wie viel Zinsen bekommt er nach 5 Tagen?

Antwort: ______________

Welchen Betrag kann er dann maximal abheben? __________ €

b) Wie viel Zinsen erhält er nach zwei Monaten?

Antwort: ______________

Welchen Betrag kann er dann maximal abheben? __________ €

c) Wie viel Zinsen bekommt Maik nach einem dreiviertel Jahr?

Antwort: ______________

Welchen Betrag kann er dann maximal abheben? __________ €

d) Wie viele Zinsen bekommt Maik nach 245 Tagen?

Antwort: ______________

Welchen Betrag kann er dann maximal abheben? __________ €

6 Berechne die Zinsen für den angegebenen Zeitraum mit der passenden Formel. Runde sinnvoll.

a) K = 184 €
p % = 1,24 %
m = 5 Monate

b) K = 391 €
p % = 1,15 %
m = 274 Tage

c) K = 58,73 €
p % = 1,45 %
t = 76 Tage

7 Rechne und beantworte die Fragen.

a) Jan legt 92,50 € zu einem Zinssatz von 1,36 % an. Wie viel Zinsen bekommt er nach 98 Tagen?

Antwort: ______________________

____

b) Familie Renken überzieht ihr Konto um 900 € für 17 Tage. Das Konto hat einen Überziehungszinssatz von 15,4 %.

Antwort: ______________________

____

c) Das Konto der Familie Braun weist 8 Tage vor Monatsende einen Dispo von 509,42 € auf. Der Dispozins ihres Kontos von 7,9 % gilt bis 1 000 €.

Überziehen sie ihr Konto noch mehr, müssen sie Überziehungszinsen von 14,8 % zahlen. Wie viel Zinsen muss Familie Braun bezahlen?

Antwort: ______________________

Zinseszins

Legt man ein Kapital über einen längeren Zeitraum von über einem Jahr an, werden die Zinsen mitverzinst. Das nennt man Zinseszins.

1 K = 1000 € p % = 2 % Zeitraum = 5 Jahre
Vervollständige die Tabelle. Runde sinnvoll auf zwei Stellen nach dem Komma.

Zeit nach	Anfangskapital	Zinsen	Endkapital
1 Jahr	1000,00 €	20,00 €	1000,00 € + 20,00 € = 1020,00 €
2 Jahren	1020,00 €	20,40 €	1020,00 € + 20,40 € = 1040,40 €
3 Jahren	1040,40 €		
4 Jahren			
5 Jahren			

2 Ein Kapital von 2800 € wird mit 1,6 % verzinst und für 5 Jahre fest angelegt.
Trage die Werte in die Tabelle ein und vervollständige sie. Runde sinnvoll.

Zeit nach	Anfangskapital	Zinsen	Endkapital
1 Jahr			
2 Jahren			
3 Jahren			
4 Jahren			
5 Jahren			

3 Berechne das Endkapital nach jedem Jahr, indem du das Anfangskapital mit dem Zinsfaktor multiplizierst.

a) Anfangskapital: 1 500 € p %: 2,5 % Zeitraum: 5 Jahre

100 % + 2,5 % = 102,5 % entspricht einem Zinsfaktor von 1,025

Zeit nach	Anfangskapital	Zinsfaktor	Endkapital
1 Jahr	*1500,00 €*	*1,025*	*1537,50 €*
2 Jahren	*1537,50 €*	*1,025*	
3 Jahren			
4 Jahren			
5 Jahren			

b) Rechne 1 500 € · $1{,}025^5$ = ________ €.

Vergleiche nun mit dem Endkapital nach 5 Jahren aus Aufgabe a). Was fällt dir auf?

____

____

4 Rechne mit dem Zinsfaktor und der Anzahl der Jahre als Hochzahl (Potenz), wie in Aufgabe **3** b).

a) Maria legt 3 100 € zu einem Zinssatz von 1,8 % p. a. an für 4 Jahre fest an.

Wie viel Geld hat sie nach 4 Jahren auf dem Konto?

Antwort: ______________________________

____

b) Familie Draguna hat 25 000 € geerbt und legt das Geld für 10 Jahre zu einem Zinssatz von 2,2 % p. a. fest an.

Frage: ______________________________

____

Antwort: ______________________________

____

5 Ergänze die Tabelle. Der Zinssatz beträgt 1,8 % pro Jahr. Nutze den Taschenrechner.

Zeit nach	Anfangskapital	Zinsen	Endkapital
1 Jahr	2 500 €		
2 Jahren			
3 Jahren			

Überprüfe durch Rechnung mit dem Zinsfaktor: $2\,500\ € \cdot 1{,}018^3 =$ ______

6 Berechne die Zinsen für den angegebenen Zeitraum mit dem Zinsfaktor. Runde sinnvoll.

a) Kapital: 4 800 €
Zinssatz: 2 %
Zeitraum: 8 Jahre

$K = 4\,800\ € \cdot 1{,}02^8$

b) Kapital: 300 €
Zinssatz: 2,4 %
Zeitraum: 10 Jahre

c) Kapital: 8 300 €
Zinssatz: 2,7 %
Zeitraum: 12 Jahre

d) Kapital: 13 589 €
Zinssatz: 1,9 %
Zeitraum: 5 Jahre

7 Die Geldgeschenke im Gesamtwert von 492,50 €, die Johanna anlässlich ihrer Taufe erhielt, werden zu einem Zinssatz von 3,6 % pro Jahr für 20 Jahre fest angelegt.

Frage: ______

Antwort: ______

8 Zu Annas Geburt wurden 1 500 € zu einem Zinssatz von 3,35 % pro Jahr fest angelegt. Wenn sie mit 16 Jahren ihre Ausbildung anfängt, erhält sie das Geld.

Frage: ______

Antwort: ______

Verschiedene Kredite

1 Familie Jost möchte sich einen Carport für 5400 € kaufen. Ihre Hausbank bietet ihr einen Kredit zu einem jährlichen Zinssatz von 5,6 % bei einer Laufzeit von 4 Jahren an.
Die Nachbarbank bietet Kredite bis 6000 € zu einem jährlichen Zinssatz von 6 % bei einer Laufzeit von 3 Jahren an. Familie Jost möchte jährlich die gleiche Summe zurückzahlen und die jeweils angefallenen Zinsen zusätzlich bezahlen.

a) Ergänze die beiden Tabellen. Berechne auch die Summe der Zinsen.

Hausbank

Jahr	Kreditbetrag	Zinssatz p.a.	Zinsen pro Jahr	jährliche Tilgung	Überweisungsbetrag
1.	5400 €	5,6 %	302,40 €	1350 €	1652,40 €
2.	4050 €	5,6 %			
3.					
4.					
Summe der Zinsen nach 4 Jahren:					

Nachbarbank

Jahr	Kreditbetrag	Zinssatz p.a.	Zinsen pro Jahr	jährliche Tilgung	Überweisungsbetrag
1.					
2.					
3.					
Summe der Zinsen nach 3 Jahren:					

b) Für welchen Kredit sollte sich Familie Jost entscheiden? Begründe.

Antwort: ____________________

____

2 Familie Kim benötigt für ihre Haussanierung einen Kredit in Höhe von 8000 €. Sie möchte jährlich 2000 € tilgen. Ihre Bank bietet ihnen einen Kredit mit 5,5 % Zinsen über eine Laufzeit von 4 Jahren.
Berechne die jährlichen Überweisungsbeträge und die Gesamtzinsen.

Verschiedene Geldanlagen

1 Lara möchte einen Betrag von 550 € fest für 3 Jahre anlegen. Sie hat sich für ein Sparkonto mit verschiedenen Zinssätzen entschieden. 1. Jahr: 1,2 % 2. Jahr: 1,4 % 3. Jahr: 1,6 %

a) Berechne die jährlichen Zinsen und die Höhe des Kapitals nach 3 Jahren.

Sparkonto	Anfangskapital	Zinssatz	Zinsen	Endkapital am Ende des Jahres
1. Jahr	550 €	1,2 %	6,60 €	550 € + 6,60 € = ______
2. Jahr				
3. Jahr				

b) Lara erfährt von einer Freundin, dass diese bei ihrer Bank einen jährlichen Zinssatz von 1,5 % erhält. Sie legt ebenfalls 550 € an. Wer hat am Ende der 3 Jahre mehr Geld?

Antwort: ______

2 Milan erhält von seinem Arbeitgeber monatlich vermögenswirksame Leistungen in Höhe von 23 €, die direkt auf seinen Bausparvertrag überwiesen werden. Zusätzlich zahlt Milan 12 € aus eigener Tasche ein. Für den Bausparvertrag erhält er auf den eingezahlten Betrag vierteljährlich einen Zinssatz von 1,75 %. ______

Vervollständige die Tabelle.

Bausparvertrag	Anfangskapital	Zinsen	Endkapital am Ende des Vierteljahres
1. Vierteljahr	3 · ____ = ____		
2. Vierteljahr			
3. Vierteljahr			
4. Vierteljahr			
	Summe der Zinsen:		

Sofortkauf und Ratenkauf

1 Die Spülmaschine von Familie Sauber ist defekt. Von zwei unterschiedlichen Elektronikmärkten holt sie sich Ratenkaufangebote ein. Die Spülmaschine kostet 349 €.

Elektronikmarkt 1: 12 Monate Laufzeit und eine monatliche Rate von 30 €

Elektronikmarkt 2: Ein Jahr Laufzeit bei einem Zinssatz von 1 % p. a.

Welches Angebot ist günstiger? ☐ Elektronikmarkt 1 ☐ Elektronikmarkt 2

2 Herr Mauer möchte seine Terrasse mit Pflastersteinen für 1 800 € neu pflastern.

Variante A: 2 % Skonto bei Sofortzahlung. Hierfür müsste Herr Mauer sich jedoch das Geld zu einem Zinssatz von 4 % für 6 Monate bei der Bank leihen.

Variante B: Herr Mauer nimmt einen Ratenkredit über 1 Jahr mit einer monatlichen Rate von 154,50 € auf.

Die günstigere Variante ist A ☐ / B ☐.

3 Familie Köser möchte im 30 m² großen Wohnzimmer neues Parkett verlegen lassen. Der Quadratmeterpreis des Parketts beträgt 42,50 € und der Preis fürs Verlegen 22 € pro m². Wenn die Familie das Parkett bar bezahlt, werden darauf 3 % Skonto gewährt.

a) Berechne die Renovierung des Wohnzimmers bei Barzahlung.

b) Die Familie hat 1 000 € gespart. Sie könnte sich das restliche Geld bei der Bank zu 5 % Zinsen p. a. leihen. Sie kann aber auch das Parkett über ein Jahr mit einer monatlichen Rate von 110 € beim Baumarkt abbezahlen. Was rätst du ihnen?

Antwort: ______________________________

Einnahmen und Ausgaben bestimmen

1

Bank Sperremberg Brandenburg

Kontoauszug vom 01.06.2018 16:35 Uhr — Kontoinhaber: Tilo Hennig

Auszug 16 — Seite 1/1 — IBAN DE38300558000026263345 — Alter Saldo per 12.05.2018 EUR +307,83

Buchung	Vorgang	Umsatz in EUR
15.05.	Hundesteuer 1. Hund	−46,00
15.05.	Hundesteuer 2. Hund	−85,00
18.05.	Eiscafé Sonnenschein	−5,50
19.05.	Tankstelle Einfach Tanken	−52,92
20.05.	Gutschrift	+25,00
24.05.	Super-Biomarkt	−24,78
28.05.	Drogerie Schick	−7,84
31.05.	Lohn 05 Krankenpflegehelfer	[illegible]
01.06.	Miete 06	−345,60

Neuer Saldo EUR +730,77

Saldo ist ein anderes Wort für den aktuellen Kontostand.

a) Ermittle die Kenndaten des Kontos:

Kontoinhaber: ____________ Datum des Auszugs: ____________

IBAN: ____________ Auszugnummer: ____________

b) Ermittle den Lohn von Herrn Hennig. Nutze den Taschenrechner

c) Berechne den Saldo am 31.05.

2 Herr Hennig hat am 02.06. noch folgende Abbuchungen:

Strom:	23,50 €	Benzin:	48,11 €
Einkauf:	29,47 €	Kfz-Steuer:	81,00 €

Berechne den neuen Saldo zum 03.06. Nutze den Kontoauszug aus Aufgabe **1**.

Das kann ich schon

1 Kreuze an was gesucht ist. Löse anschließend.

a) Herr Max nimmt einen Kredit über 5 390 € auf und zahlt 8 % Zinsen p. a. ☐ K ☐ Z ☐ p

b) Frau Duden legt 2 200 € fest an und erhält nach einem Jahr 46,20 € Zinsen. ☐ K ☐ Z ☐ p

c) Kerstens Opa erhält nach einem Jahr 64,50 € Zinsen bei einem Zinssatz von 1,95 %. ☐ K ☐ Z ☐ p

2 Kann das stimmen? Überprüfe.

	richtig	falsch
a) Lara erhält 1,50 € Zinsen für ihre fest angelegten 120 € für den Zeitraum von 10 Monaten bei einem Zinssatz von 1,25 %.	☐	☐
b) Joy muss 2,78 € Überziehungszinsen bezahlen. Sie hat ihr Konto für 19 Tage um 285 € bei einem Zinssatz von 18,5 % überzogen.	☐	☐

3 Kann das stimmen? Überprüfe.

	richtig	falsch
Herr Sparfuchs hat vor 8 Jahren 1 500 € zu einem Zinssatz von 3,1 % p.a. fest angelegt. Nach 8 Jahren weist sein Kontoauszug einen Betrag von 1 857,38 € auf.	☐	☐

Auf einen Blick:

Prozent- und Zinsrechnung

Prozentrechnung

Begriffe

Begriffe in der Prozentrechnung

25 Fahrräder von 125 Fahrrädern sind nicht verkehrssicher. Das sind 20 %.

Prozentwert W — Grundwert G — Prozentsatz p

Berechnungen

Berechnung | **mit dem Dreisatz** | **mit der Formel**

des Prozentwertes

geg.: G = 15
p % = 60 %
ges.: W = ?

	Prozentsatz p %	Anzahl Schüler	
: 100	100	15	: 100
· 60	1	$\frac{15}{100}$	· 60
	60		

$W = \frac{G \cdot p}{100}$

$W = \frac{15 \cdot 60}{100}$

W =

des Prozentsatzes

geg.: G = 50 €
W = 34 €
ges.: p = ?

	Preis in €	Prozentsatz p %	
: 50	50	100	: 100
· 34	1	$\frac{100}{50}$	· 34
	34		

$p = \frac{W \cdot 100}{G}$

$p = \frac{34 \cdot 100}{50}$

p =

des Grundwertes

geg.: W = 280 €
p % = 70 %
ges.: G = ?

	Prozentsatz p %	Preis in €	
: 70	70	280	: 70
· 100	1	$\frac{280}{70}$	· 100
	100		

$G = \frac{W \cdot 100}{p}$

$G = \frac{280 \cdot 100}{70}$

G =

Vermehrter und verminderter Grundwert, Prozentfaktor

Bei prozentualen Veränderungen entspricht der alte Zustand (Preis, Einwohnerzahl ...) dem Grundwert, also 100 %.

Erhöht sich der Grundwert um p %, entspricht der neue Wert 100 % + p %. Man nennt ihn den **vermehrten Grundwert**.

Verringert sich der Grundwert um p %, entspricht der neue Wert 100 % − p %. Man nennt ihn den **verminderten Grundwert**.

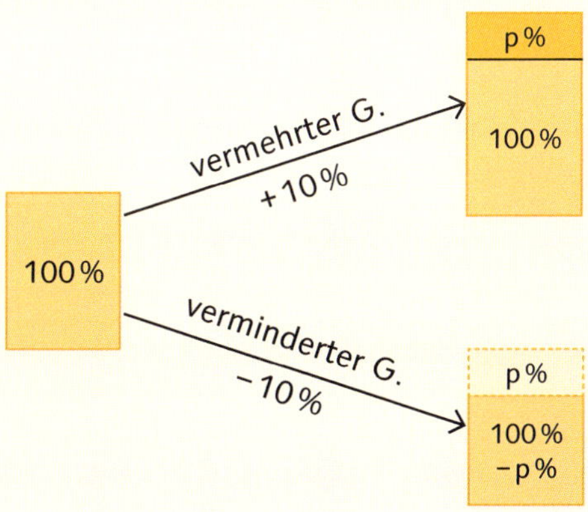

Mit dem **Prozentfaktor** lassen sich die Aufgaben noch schneller lösen.

vermehrter Grundwert

Preiserhöhung um 10 % bei einem alten Preis von 150 €:
100 % + 10 % = 110 %

Prozentfaktor:
110 % entspricht **1,1**
neuer Preis:
150 € · **1,1** = 165 €

verminderter Grundwert

Preisminderung um 10 % bei einem vorherigen Preis von 100 €:
100 % − 10 % = 90 %

Prozentfaktor:
90 % entspricht **0,9**
neuer Preis:
100 € · **0,9** = 90 €

Zinsrechnung

Begriffe

Bei der Zinsrechnung wird die Prozentrechnung auf den Geldverkehr angewendet. Die Aufgaben können daher wie bei der Prozentrechnung gelöst werden. Es gibt allerdings einige neue Bezeichnungen.

Prozentrechnung	Grundwert G	Prozentwert W	Prozentsatz p
Zinsrechnung	Kapital K	Zinsen Z	Zinssatz p

Berechnungen

Berechnung — **mit dem Dreisatz** — **mit der Formel**

der Zinsen

geg.: K = 500 €
p % = 6 %
ges.: Z = ?

	Prozentsatz p %	Betrag in €	
	100	500	
: 100	1	$\frac{500}{100}$	: 100
· 6	6		· 6

$Z = \frac{K \cdot p}{100}$

$Z = \frac{500 \cdot 6}{100}$

Z =

des Kapitals

geg.: Z = 78 €
p % = 3 %
ges.: K = ?

	Prozentsatz p %	Betrag in €	
	3	78	
: 3	1	$\frac{78}{3}$	: 3
· 100	100		· 100

$K = \frac{Z \cdot 100}{p}$

$K = \frac{78 \cdot 100}{3}$

K =

des Prozentsatzes

geg.: K = 120 €
Z = 3 €
ges.: p = ?

	Betrag in €	Prozentsatz p %	
	120	100	
: 120	1	$\frac{100}{120}$	: 120
· 3	3		· 3

$p = \frac{Z \cdot 100}{p}$

$p = \frac{3 \cdot 100}{120}$

p =

Jahres-, Monats-, Tageszinsen

Zinsen
Außer dem Jahreszins (360 Tage) gibt es auch den Monatszins (30 Tage) und den Tageszins (1 Tag).

Zinsen für 1 Jahr: $Z = \frac{K \cdot p}{100}$

Zinsen für m Monate: $Z = \frac{K \cdot p}{100} \cdot \frac{m}{12}$

Zinsen für t Tage: $Z = \frac{K \cdot p}{100} \cdot \frac{t}{360}$

Beispiel: Zinsen für 100 Tage bei K = 1 500 €, p % = 1,5 %: $Z = \frac{1\,500 \cdot 1{,}5}{100} \cdot \frac{100}{360}$ Z =

Zinseszins

Die aus den Zinsen entstehenden Zinsen werden **Zinseszins** genannt.

Berechnung mit dem Zinsfaktor: Kapital + Zinsen = 100 % + 3 % = 103 % entspricht dem **Zinsfaktor 1,03**

Kapital nach 1 Jahr: $K_{Endkapital} = K_{Anfangskapital} \cdot 1{,}03 = 1\,000\,€ \cdot 1{,}03 = 1\,030\,€$

Kapital nach 2 Jahren: $K_{Endkapital} = 1\,030\,€ \cdot 1{,}03 = 1\,060{,}90\,€$

Kapital nach 3 Jahren: $K_{Endkapital} = 1\,060{,}90\,€ \cdot 1{,}03 \approx 1\,092{,}73\,€$

Berechnung in einem Schritt: $K_{Endkapital} = K_{Anfangskapital} \cdot 1{,}03 \cdot 1{,}03 \cdot 1{,}03 = 1\,000\,€ \cdot 1{,}03^3 \approx 1\,092{,}73\,€$